Muzzaffar Ahmad Mir
Nisar Ahmad Malik

# Introdução às aplicações de zeólito-polímero

Muzzaffar Ahmad Mir
Nisar Ahmad Malik

# Introdução às aplicações de zeólito-polímero

ScienciaScripts

**Imprint**



Cover image: www.ingimage.com

This book is a translation from the original published under ISBN 978-620-2-19650-5.

Publisher:
Sciencia Scripts
is a trademark of
Dodo Books Indian Ocean Ltd. and OmniScriptum S.R.L publishing group

120 High Road, East Finchley, London, N2 9ED, United Kingdom
Str. Armeneasca 28/1, office 1, Chisinau MD-2012, Republic of Moldova, Europe
Printed at: see last page
**ISBN: 978-620-8-02595-3**

# Índice

# 1. Introdução:

Uma técnica amplamente investigada e utilizada para a deteção de gases é a chamada "tecnologia de deteção". Para melhorar o mecanismo de deteção de gás, está a ser dada muita atenção a diferentes aplicabilidades e a ultrapassar as limitações inerentes a diferentes tecnologias de deteção de gás. A tecnologia de deteção de gases está a ser amplamente explorada tanto no meio académico como na indústria. Para desenvolver sistemas suficientemente inteligentes para detetar a presença de vários tipos de gases, é dada a devida importância à tecnologia de deteção de gases. Esta tecnologia de deteção de gases está a tornar-se cada vez mais uma área importante de investigação devido às aplicações nos seguintes domínios

(1) Produção industrial (por exemplo, deteção de metano em minas) [1],

(2) Indústria automóvel (por exemplo, deteção de gases poluentes provenientes de veículos) [2],

(3) Aplicações médicas (por exemplo, narizes electrónicos que simulam o sistema olfativo humano) [3],

(4) Controlo da qualidade do ar interior (por exemplo, deteção de monóxido de carbono) [4],

(5) Estudos ambientais (por exemplo, monitorização dos gases com efeito de estufa) [5].

Durante as últimas cinco décadas, diferentes estudos estabeleceram o papel da tecnologia de deteção de gases em várias áreas. Entre eles, as três principais divisões que recebem mais atenção são a investigação de diferentes tipos de sensores, a pesquisa sobre os princípios de deteção e as técnicas de fabrico [6]. A classificação dos métodos de deteção de gás com base em várias propriedades eléctricas (Figura 1). Entre as várias áreas, os polímeros condutores recebem a maior atenção pelo facto de estarem a desempenhar um papel crucial na tecnologia de deteção em relação aos outros.

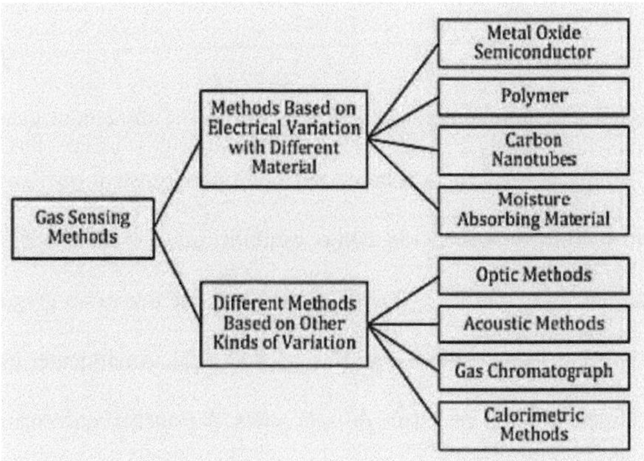


**Figura 1: Classificação dos métodos de deteção de gases [6]**

Os polímeros condutores, como o poli (*p-fenilenovinileno*) (PPV), podem servir como potencial material de deteção, uma vez que o PPV possui boas propriedades ópticas e eléctricas e pode ser sintetizado através de uma técnica relativamente simples. Para obter um material específico para a substância a analisar, os sensores devem ter uma especificidade química muito estreita com elevada sensibilidade em relação a substâncias químicas polares [7,8]. Foi escolhido um zeólito como adsorvente microporoso seletivo a introduzir na matriz polimérica para aumentar a sensibilidade ao NH4NO3 [9-11].

## 2. Zeólitos:

Os zeólitos são materiais cristalinos que estão amplamente presentes na natureza e são conhecidos pela humanidade há quase 250 anos. Foi o mineralogista sueco Axel Fredrick Cronstedt que, em 1756, descobriu um mineral natural, atualmente conhecido como estilbite, que perdia grandes quantidades de vapor quando aquecido. Por isso, deu-lhe o nome de "zeólito", que deriva do grego clássico, onde ζεω (zeo) significa "ferver" e λιθος (lithos) significa "pedra" [12]. Atualmente, os zeólitos estão disponíveis em grande número e numa variedade de aplicações. A principal utilização dos zeólitos é como permutadores de iões em detergentes para a roupa, onde trocam o cálcio e o magnésio da água através da troca com o sódio presente no zeólito. Além disso, os zeólitos são utilizados como adsorventes na purificação de fluxos de gás para absorver água e remover espécies orgânicas voláteis e na separação de diferentes isómeros e misturas de gases, sendo ainda aplicados na limpeza de resíduos radioactivos [13,14]. No entanto, nesta tese, o foco será inteiramente na aplicação de zeólitos na deteção de gás.

## 3. Estrutura:

As estruturas da zeólita contêm catiões de silício ($Si^{4+}$ ) e catiões de alumínio ($Al^{3+}$ ) e estão rodeadas por quatro aniões de oxigénio ($O^{2-}$ ). Cada anião de oxigénio está ligado a dois catiões, o que resulta numa estrutura macromolecular tridimensional, com uma rede neutra de SiO2 e blocos de construção tetraédricos de $AlO_2^-$ carregados negativamente. A carga negativa surge devido à diferença de valência formal entre os catiões de silício e alumínio e está localizada num dos aniões de oxigénio ligado a um catião de alumínio. Normalmente, a carga negativa é compensada por catiões não estruturais adicionais, como o sódio ($Na^+$ ), e está geralmente presente após a síntese do zeólito. No entanto, para aplicações catalíticas, os iões de sódio são maioritariamente trocados por protões ($H^+$ ) que formam uma ligação com aniões de oxigénio de carga negativa do zeólito [15]. Isto resulta em sítios ácidos de Bronsted OH, como se mostra na *figura 2*, que são altamente activos na catalisação, cracking e reacções de isomerização [16].

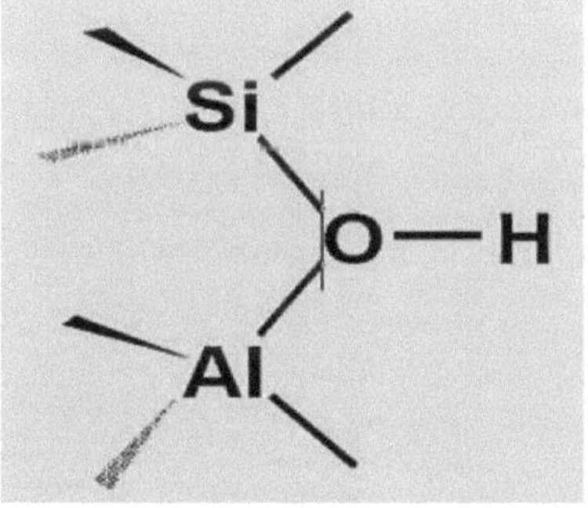


**Figura. 2. Sítio ácido de Br0nsted presente num zeólito**

A estrutura do zeólito tem um sistema de poros com canais numa, duas ou três dimensões e, além disso, estão presentes algumas cavidades interiores. As dimensões dos poros e das cavidades variam entre 3 $A^0$ e 12 $A^0$ , o que coincide com as dimensões de várias moléculas de hidrocarbonetos para as quais podem ser aplicadas como adsorventes e catalisadores. O diâmetro exato do poro depende da coordenação e da quantidade de catiões e aniões presentes no anel. Na *figura 3* são apresentadas as estruturas de dois zeólitos diferentes, BETA e LTL.

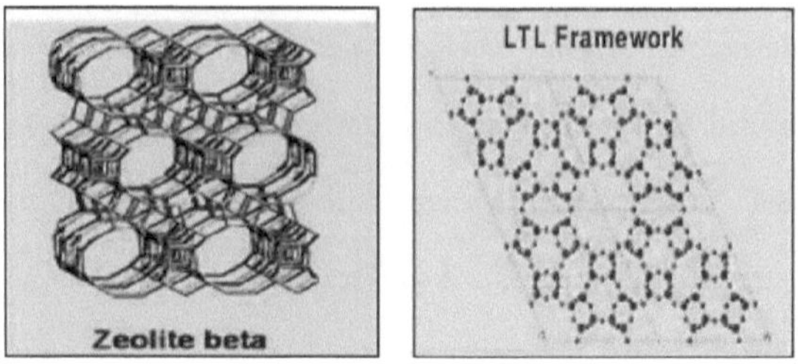


**Figura. 3. Estruturas de a) zeólito BETA b) zeólito LTL**

# 4. A unidade básica de construção: o tetraedro:

Todas as estruturas de zeólito podem ser feitas através da ligação da unidade básica de construção (BBU), o tetraedro, num padrão particular. No centro dos tetraedros estão átomos com electronegatividades muito baixas ($Si^{IV}$, $Al^{III}$, $P^{V}$, $Zn^{II}$, etc.) e nos cantos estão aniões de oxigénio ($O^{2-}$). Estas combinações podem ser representadas como [$SiO_4$], [$AlO_4$], [$PO_4$], etc., e no que se segue utilizaremos o termo TO4 para descrever os tetraedros em geral, onde T representa qualquer espécie tetraédrica. *A Figura 4* mostra várias representações do tetraedro. Note-se que cada oxigénio apical está ligado ao tetraedro vizinho e, como resultado, a estrutura dos materiais zeolíticos tem sempre uma relação metal-oxigénio de 4.

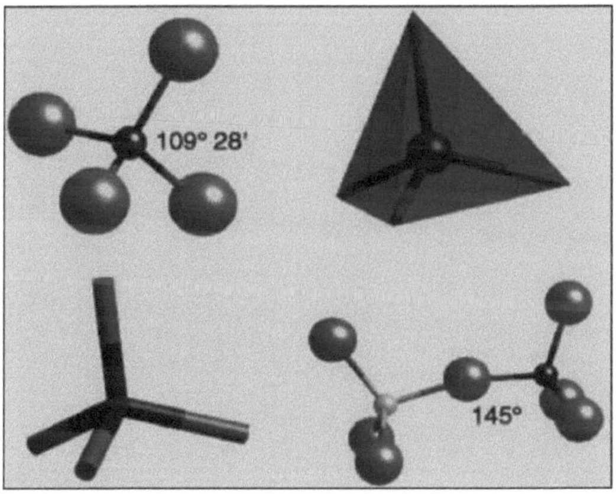


**Figura.4. Várias representações da unidade básica de construção dos zeólitos, o tetraedro.**

As unidades tetraédricas dos materiais zeolíticos são algo rígidas. Em geral, o ângulo O-T-O está próximo do ângulo de ligação "ideal" de 109°28 para um tetraedro geometricamente perfeito e são encontrados desvios de mais do que alguns graus. O comprimento da ligação T-O depende do tipo de catião metálico. Para os tetraedros de [$SiO_4$] o comprimento da ligação é d (Si-O) $\approx$ 1,59-1,64 $A^0$. Para [$AlO_4$] o comprimento da ligação é geralmente d (Al-O) $\approx$ 1,73 $A^0$. O boro é o catião mais pequeno que foi encontrado em estruturas de zeólito com um d (B-O) $\approx$ 1,44 $A^0$ e o zinco é o maior com d

(Zn-O) ≈ 1,95 $A^0$.

Para construir estruturas de zeólito, os tetraedros são unidos através do oxigénio apical (T-O-T). O ângulo de ligação T-O-T é bastante flexível e está em nítido contraste com o ângulo rígido O-T-O. No caso dos tetraedros de sílica, o ângulo T-O-T situa-se geralmente na vizinhança de 140-165°, mas também foram registados valores de 130-$180^0$. A flexibilidade do ângulo T-O-T é muito importante porque é o grau de liberdade que permite a formação de uma grande variedade de estruturas de zeólito sem grande penalização termodinâmica. A flexibilidade do ângulo T-O-T também permite a formação de anéis e outras unidades de construção mais complexas a partir das quais os materiais zeolíticos podem ser formados.

## 5. Peneiras moleculares e zeólitos:

Os crivos moleculares são sólidos porosos com poros de dimensões moleculares que variam entre 0,3 e 2,0 nm de diâmetro. Os exemplos incluem zeólitos, carbonos, vidros e óxidos. Alguns deles são cristalinos com um tamanho de poro uniforme delineado pela sua estrutura cristalina, por exemplo, zeólitos. A maior parte dos crivos moleculares atualmente em uso são zeólitos. Os zeólitos são aluminossilicatos cristalinos de ocorrência natural de elementos do grupo IA e do grupo IIA, tais como sódio, potássio, magnésio e cálcio [17]. Quimicamente, são representados pela fórmula empírica geral:

$$M_{2/n}O \cdot Al_2O_3 \cdot ySiO_2 \cdot wH_2O$$

Onde $y$ é 2 - 200, $n$ é a valência do catião e $w$ representa a água contida nos espaços vazios do zeólito.

Estruturalmente, os zeólitos são materiais inorgânicos complexos e cristalinos baseados numa estrutura tridimensional infinitamente extensa, com quatro ligações de tetraedros de AlO4 e SiO4, ligados entre si pela partilha de iões de oxigénio. Cada tetraedro de AlO4 na estrutura tem uma carga negativa que é equilibrada por um catião extra-quadro. A estrutura do quadro consiste em canais intra-cristalinos ou vazios interligados que são ocupados pelos catiões e pelas moléculas de água. Os catiões são móveis e podem sofrer trocas iónicas. A água pode ser removida reversivelmente, geralmente pela aplicação de calor, o que resulta numa estrutura cristalina hospedeira permeada pelos microporos e vazios que podem atingir 50% dos cristais em volume. Os canais ou vazios intra-cristalinos podem ser uni, bi ou tridimensionais. O tipo preferido tem duas ou três dimensões, a fim de facilitar a difusão intra-cristalina para aplicações de adsorção e catalíticas. Na maioria das estruturas zeolíticas, as unidades estruturais primárias, os tetraedros de AlO4 ou SiO4, são reunidas em unidades secundárias que são poliedros simples, tais como cubos, prismas hexagonais ou cubo-octaedros, como se mostra na *figura 5*. A estrutura final do pórtico resulta da montagem destas unidades secundárias. Atualmente, são conhecidas mais de 70 estruturas novas e distintas de zeólitos.

Apresentam tamanhos de poros que variam de 0,3 a 1,0 nm e volumes de poros de cerca de 0,10 a 0,35 $cm^3$ /g. As dimensões típicas dos poros dos zeólitos incluem (i) zeólitos de poro pequeno com oito poros em anel, com diâmetros de 0,30 - 0,45 nm (por exemplo, zeólito A), (ii) zeólitos de poro médio com 10 poros em anel, com 0,45 - 0,60 nm de diâmetro livre (ZSM - 5), (iii) zeólitos de poro grande com 12 poros em anel de 0,6 - 0,8 nm (por exemplo, A estrutura do zeólito pode ser considerada como algo flexível, com o tamanho e a forma da estrutura e do poro a responder a alterações de temperatura, bem como a espécies convidadas. Por exemplo, o ZSM - 5 com neopentano sorvido tem um poro quase circular de 0,62 nm, mas com aromáticos substituídos como espécies convidadas, o poro assume uma forma elíptica, com 0,45 a 0,70 nm de diâmetro. Alguns dos tipos de zeólito mais importantes que têm sido utilizados em aplicações comerciais incluem os minerais mordenito, chabazito, erionito e clinoptilolito, os tipos de zeólito sintético A, X, Y, L, ZSM - 5, beta e MCM - 22 e os zeólitos F e W.

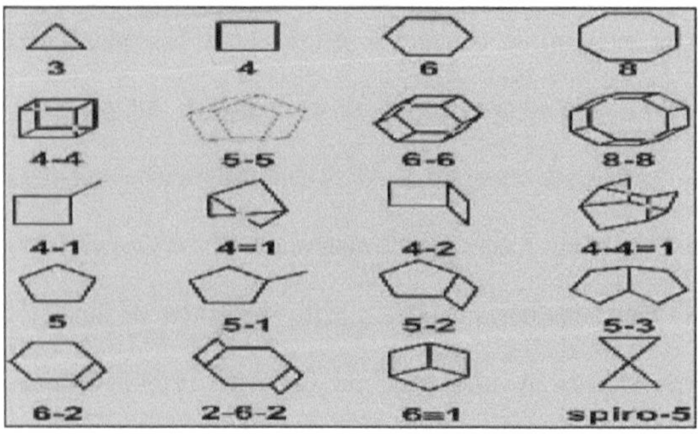


**Figura. 5. Unidades de construção secundárias em zeólitos**

## 6. Nomenclatura:

Não existe uma nomenclatura sistemática desenvolvida para os materiais de peneiração molecular em particular. O descobridor de uma espécie sintética, com base num padrão caraterístico de difração de raios X em pó e na composição química, atribui normalmente símbolos triviais. Os primeiros materiais sintéticos descobertos por Milton, Breck e colegas da Union Carbide utilizavam o alfabeto latino moderno, por exemplo, zeólitos A, B, X, Y, L. A utilização do alfabeto grego foi introduzida pela Mobil e pela Union Carbide com os zeólitos alfa, beta e ómega. A muitos dos zeólitos sintéticos que têm a topologia estrutural das espécies de zeólitos minerais foi atribuído o nome do mineral, por exemplo, mordenite sintética, chabazite, erionite e offretite. A literatura sobre crivos moleculares está repleta de acrónimos: ZSM- 5, - 11, ZK- 4 (Mobil), EU- 1, FU- 1, NU- 1 (ICI), LZ- 210, AlPO, SAPO, MeAPO, etc. (Union Carbide, UOP) e ECR-1 (Exxon). Apenas uma publicação sobre nomenclatura efectuada pela IUPAC em 1979 se limita aos materiais do tipo zeólito então conhecidos [18]. O *Atlas dos Tipos de Estrutura dos Zeólitos* [19], que é publicado e frequentemente atualizado pela Comissão de Estrutura da IZA, atribui um código de três letras a ser utilizado para uma topologia de estrutura conhecida, independentemente da composição. Alguns códigos ilustrativos são LTA para a zeólita A de Linde, FAU para peneiras moleculares com uma topologia faujasita (por exemplo, zeólitas X, Y), MOR para a topologia mordenita, MFI para as topologias ZSM - 5 e silicalita e AFI para a topologia aluminofosfato $AlPO4_{-5}$. A aceitação ou inclusão de uma estrutura recentemente determinada de um zeólito ou peneiro molecular no *Atlas* oficial é revista e aprovada pela Comissão de Estruturas do IZA. A Comissão de Estruturas do IZA

Na Sétima Conferência Internacional de Zeólitos, a Comissão de Estrutura foi autorizada a aprovar e/ou atribuir o código de estrutura de três letras para novas topologias de estrutura.

A definição e a utilização do termo "zeólito" evoluíram e mudaram, especialmente na última década, para incluir composições e estruturas de aluminossilicatos não . A partir da segunda edição revista do *Atlas* [20], o termo "zeólito e materiais semelhantes a zeólito" foi introduzido para tentar incluir um grande número de materiais de interesse. A inclusão de uma estrutura no *Atlas* está limitada a redes tridimensionais de óxidos tetraédricos com uma densidade de estrutura inferior a cerca de 21 átomos T por 1000 $A^0$ , independentemente da composição da estrutura. Do mesmo modo, o termo zeólito foi alargado na literatura mineralógica para incluir composições de estruturas tetraédricas com elementos T diferentes de Al e Si, mas as propriedades clássicas do zeólito devem ser exibidas (por exemplo, estruturas que contêm cavidades abertas sob a forma de canais e gaiolas, caraterísticas reversíveis de hidratação - desidratação [21]). Muito recentemente, como sinal dos tempos, o termo materiais "nanoporosos" foi aplicado a zeólitos e peneiras moleculares relacionadas [22].

# 7. Síntese geral de zeólitos nano-cristalinos em água/surfactante/solvente orgânico:

Geralmente, os zeólitos são sintetizados numa solução aquosa alcalina contendo fontes de Si e Al e iões metálicos alcalinos (sódio ou potássio). Na preparação de alguns tipos de zeólito, é também necessário um agente orgânico de orientação da estrutura (OSDA), como um catião alquilo de amónio, para formar uma determinada estrutura de zeólito. As soluções aquosas que contêm estes agentes inorgânicos e OSDA são vertidas num autoclave de aço inoxidável selado com Teflon e aquecidas a uma temperatura desejável. Em alguns tipos de zeólitos (por exemplo, MFI e MOR), a nucleação de cristais ocorre primeiro, seguida pelo crescimento do zeólito, com a nucleação continuando a ocorrer simultaneamente durante a fase de crescimento. Um método para preparar zeólito nanocristalino é parar o tratamento hidrotérmico quando ocorre a nucleação. No entanto, como as espécies de Si e Al que não reagiram ainda permanecem na solução, tende a formar-se uma fase amorfa na superfície dos cristais de zeólito. Outro método consiste em aumentar a taxa de nucleação através do aumento das concentrações de fontes de Si e Al. Com o aumento da taxa de nucleação, o tamanho do cristal do zeólito diminui. No entanto, o zeólito assim obtido tem uma ampla distribuição de tamanho devido à nucleação simultânea e ao crescimento de cristais durante a síntese hidrotérmica. Por conseguinte, para sintetizar zeólitos nanocristalinos, é necessário separar as fases de nucleação e de crescimento. Recentemente, tem havido um interesse crescente na síntese de zeólitos nanocristalinos com adição de surfactantes, incluindo água/surfactante/mistura orgânica [23-26] (método de emulsão), com a investigação centrada no controlo do tamanho e da morfologia, uma vez que estes parâmetros afectam várias aplicações, tais como a separação e as reacções catalíticas. Uma vez que as moléculas de surfactante, que possuem grupos orgânicos hidrofóbicos e hidrofílicos nas moléculas, são adsorvidas numa superfície sólida num solvente, a diferença de energia da interface entre a superfície sólida e o solvente é reduzida, o que leva a um aumento da nucleação de nanopartículas de metal e/ou óxido de metal. No método de emulsão, o efeito de adsorção do tensioativo é aplicado para preparar zeólitos nanocristalinos.

## 8. Aplicação de zeólitos:

### 8.1 . Eficiência dos fertilizantes

A aplicação de clinoptilolite na agricultura melhora a eficiência dos fertilizantes utilizados, promovendo assim um melhor crescimento das plantas e, consequentemente, aumentando o rendimento. Por exemplo, K. Torii *et. al* [27] referiram que a aplicação de zeólito a uma taxa de 4-8 toneladas/acre aumentou o rendimento da maçã em 13-38%. Este mineral utilizado na quantidade de 2 a 8 kg/árvore contribui para um melhor estabelecimento de um novo pomar. As zeólitas têm sido utilizadas com sucesso no cultivo de uma grande variedade de culturas, incluindo cereais, legumes, uvas e outros frutos [28,29]. Quando adicionadas aos fertilizantes, as zeólitas ajudam a reter os nutrientes e, por conseguinte, melhoram a qualidade do solo a longo prazo, aumentando a sua capacidade de absorção. Trata-se dos nutrientes mais importantes para as plantas, como o azoto (N) e o potássio (K), bem como o cálcio, o magnésio e os microelementos. A zeólita pode reter estes nutrientes na zona radicular de uma planta e utilizá-los quando necessário. Consequentemente, isto leva a uma utilização mais eficiente dos fertilizantes N e K, reduzindo as suas taxas para o mesmo rendimento, prolongando a sua atividade e, finalmente, produzindo rendimentos mais elevados. Grandes perdas de fertilizantes que se deslocam para fora da zona radicular (lixiviação) ocorrem frequentemente em solos arenosos, que perdem a sua capacidade de reter níveis elevados de nutrientes [30]. Por conseguinte, a aplicação de zeólitos melhora o crescimento e o desenvolvimento das plantas, reduzindo a perda de nutrientes [29].

### 8.2 Adsorção de gás

As zeólitas naturais podem adsorver CO, $CO_2$, $SO_2$, $H_2S$, $NH_3$, HCHO, Ar, $O_2$, $N_2$, He, $H_2$, Kr, Xe, CH3OH e muitos outros gases. Assim, estes materiais estão a ser intensamente utilizados em pavilhões de criação de animais, reduzindo significativamente o teor de amoníaco e $H_2S$, que causam odores indesejáveis. O $NH_4^+$ adsorvido num zeólito torna-se um fertilizante de libertação lenta naturalmente enriquecido. A elevada capacidade de adsorção de amoníaco torna-a muito eficaz para controlar os elevados níveis deste gás gerados nas explorações piscícolas. Pode também ser utilizado em sistemas de filtração ou simplesmente espalhado sobre a superfície da água, uma vez que é totalmente inofensivo para a vida aquática [29]. Além disso, as culturas alimentares que crescem em solos que contêm quantidades elevadas de Pb, Cd e Cu podem ser protegidas pela capacidade de adsorção dos zeólitos.

### 8.3 Absorção de água

As zeólitas podem reter água até 60% do seu peso devido à elevada porosidade da sua estrutura cristalina. As moléculas de água nos poros podem ser facilmente evaporadas e reabsorvidas sem qualquer dano para a estrutura. As zeólitas asseguram um reservatório permanente de água, fornecendo humidade prolongada durante os períodos secos; também promovem um rápido reumedecimento e melhoram a propagação lateral da água na zona das raízes durante a irrigação. Isto resulta numa poupança na quantidade de água necessária para a irrigação. Para além disso, a elevada capacidade de absorção faz dos zeólitos um transportador de pesticidas agrícolas.

### 8.4 Troca de iões

Os zeólitos com carga negativa constituem uma armadilha ideal para catiões positivos, como o sódio, o potássio, o bário e o cálcio, e para grupos com carga positiva. Tanto os iões carbonato como os iões nitrato são atraídos pela carga negativa dos zeólitos. Por conseguinte, os catiões de metais alcalinos e alcalino-terrosos são atraídos da mesma forma que a água pode ser absorvida pelos zeólitos [31]. Os catiões adsorvidos são relativamente móveis devido à sua fraca atração e podem ser substituídos utilizando os processos normais de permuta iónica, o que torna os zeólitos bons permutadores de iões.

### 8.5 Aditivo para alimentação animal

Já se sabe que a adição de clinoptilolite à dieta de suínos, aves de capoeira e bovinos melhora o seu ganho de peso e aumenta também os rácios de conversão alimentar. A clinoptilolite actua como aglutinante de micotoxinas, pelo que absorve toxinas que podem ser perigosas para os animais. Também ajuda a controlar as aflatoxinas nos alimentos para animais, minimizando assim a mortalidade por stress digestivo e reduzindo a necessidade de antibióticos. Absorve igualmente outras toxinas produzidas nos alimentos por bolores e parasitas microscópicos e melhora a absorção dos alimentos pelos animais [29].

### 8.6 Alteração do solo

Ao contrário de outros corretivos do solo (por exemplo, a cal), a zeólita não se decompõe com o tempo, permanecendo no solo para melhorar a retenção de nutrientes. Por conseguinte, a sua adição ao solo reduzirá significativamente os custos da água e dos fertilizantes ao reter os nutrientes essenciais na zona das raízes. A estrutura porosa dos zeólitos ajuda a manter o solo arejado e ativo durante muito tempo. A zeólita não é ácida, mas alcalina, e a sua utilização com fertilizantes pode superar os níveis de pH do solo, reduzindo assim a necessidade de aplicação de cal. Este mineral é, portanto, muito benéfico na construção de campos de golfe e campos desportivos, onde os custos de irrigação e manutenção resultantes podem ser muito substanciais [29].

# 9. Propriedades dos zeólitos:

### 9.1 Elevada área de superfície e estrutura de poros ordenada

A elevada área de superfície e a estrutura ordenada dos poros dos zeólitos conferem-lhes propriedades de adsorção únicas. Os zeólitos têm uma grande área de superfície devido à sua natureza altamente porosa. A área de superfície dos zeólitos situa-se na gama de 600-800 $m^2$ /g. Como resultado da elevada área de superfície, os zeólitos podem adsorver grandes quantidades de adsorvato, dependendo do tamanho das partículas, do tamanho dos poros, da temperatura e da acidez da superfície dos zeólitos. Os zeólitos têm uma dimensão de poro da ordem da dimensão molecular, pelo que os materiais com diâmetro da mesma ordem ou superior à dimensão ou abertura do poro são impedidos de entrar nos poros ou nas supergaiolas. Uma vez que as moléculas maiores são excluídas, a adsorção e a reação preferenciais podem ser realizadas utilizando zeólitos. Por exemplo, a separação de o2 e N2 no ar pode ser efectuada utilizando zeólitos 13-X, NaX, etc.

### 9.2 Acidez

O OH que liga ou une uma estrutura de silício a uma estrutura de alumínio actua como um local de ácido de Bronsted. Os sítios de Al coordenadamente insaturados actuam como sítios ácidos de Lewis. A acidez nos zeólitos aumenta com a diminuição da relação Si: Al, uma vez que os sítios ácidos estão associados a iões Al. Estes sítios ácidos de Bronsted e Lewis desempenham um papel importante em várias reacções catalíticas envolvendo hidrocarbonetos. As zeólitas são utilizadas na reação de cracking catalítico na indústria petrolífera.

### 9.3 Estabilidade térmica

A maioria dos zeólitos é geralmente estável até $400^0$ C. A estabilidade aumenta com o aumento do teor de sílica. No entanto, a introdução de catiões de terras raras nos zeólitos resulta numa estabilidade até $800^0$ C.

*J* **Seletividade da forma**

A estrutura e a dimensão únicas dos poros dos zeólitos resultam nas suas elevadas propriedades de seleção da forma. A seletividade da forma surge devido a:

- Restrições geométricas no acesso dos reagentes à estrutura do zeólito/poro.

- Restrições geométricas à difusão de reagentes para o interior ou à difusão de produtos para o exterior dos catalisadores/zeólitos.

J **Seletividade do reagente**

A admissão selectiva de reagentes nos poros do zeólito devido a restrições de tamanho dos poros é conhecida como seletividade do reagente. Por exemplo, no caso de reacções de craqueamento, o n-heptano sofre um craqueamento preferencial em relação ao dimetil-hexano. O dimetil hexano, devido à presença de carbonos ramificados, é incapaz de entrar nos poros do zeólito.

J **Seletividade do produto**

Quando existe a possibilidade de formação de mais produtos, a formação selectiva de produtos pode ser realizada devido à restrição do tamanho ou das taxas de difusão da molécula maior. Por exemplo, no caso da alquilação do metilbenzeno em zeólitos pentassil, todos os isómeros p-xileno, m-xileno e o-xileno são produtos possíveis. No entanto, devido às restrições de tamanho dos poros nas zeólitas pentassil, há uma produção preferencial de p-xileno em relação às formas orto e meta.

*J* **Controlo molecular do tráfego**

Este processo envolve a difusão selectiva de reagentes através de um canal e a difusão de produtos para fora de outro canal interligado do zeólito. A contra-difusão é minimizada e a seletividade dos produtos é maximizada por este processo [32].

# 10. Polímeros condutores:

Há muito que os polímeros são utilizados como materiais isolantes; por exemplo, os cabos metálicos são revestidos de plástico para os isolar. No entanto, existem pelo menos quatro grandes classes de polímeros semicondutores desenvolvidos até à data. Estas incluem os polímeros condutores conjugados, os polímeros de transferência de carga, os polímeros condutores iónicos e os polímeros com carga condutora. Os polímeros condutores com enchimento condutivo surgiram em 1930 para a prevenção de descargas corona. As potenciais utilizações dos polímeros com enchimento condutor multiplicaram-se desde então devido à sua facilidade de processamento, boa estabilidade ambiental e vasta gama de propriedades eléctricas. No entanto, sendo um sistema multifásico por natureza, a falta de homogeneidade e reprodutibilidade tem sido uma fraqueza inerente aos polímeros com carga condutora. Por conseguinte, é extremamente importante controlar a qualidade da dispersão para obter compósitos homogéneos de polímeros condutores.

A presença de condutividade eléctrica nos polímeros iónicos [33] atraiu um interesse considerável. Desde então, foi preparada uma vasta gama de polímeros condutores iónicos ou electrólitos poliméricos para um grande número de aplicações, desde baterias recarregáveis a janelas inteligentes. Os electrólitos poliméricos são também altamente processáveis. O mecanismo de condução iónica requer a dissociação de cargas iónicas opostas e a subsequente migração de iões entre locais de coordenação, que são gerados pelo movimento lento dos segmentos da cadeia polimérica. Consequentemente, os electrólitos poliméricos apresentam normalmente uma baixa condutividade e uma elevada sensibilidade à humidade. No entanto, tornam-se frequentemente não condutores de eletricidade após a secagem.

A descoberta da condutividade eléctrica em complexos moleculares de transferência de carga (CT) na década de 1950 [34] levou ao desenvolvimento de polímeros CT condutores e também a descobertas subsequentes de supercondutividade com complexos CT moleculares em 1980 e com fulereno em 1986 [35]. A condutividade nos complexos de TC surge devido à formação de pilhas segregadas adequadas de moléculas ou espécies dadoras e aceitadoras de electrões e a um certo grau de transferência de carga entre as pilhas. Uma estrutura cristalina desejada é, por conseguinte, necessária para uma boa condutividade nos complexos moleculares de TC. No entanto, os materiais finalmente obtidos são frequentemente frágeis e não podem ser processados. Para ultrapassar este problema, foram envidados vários esforços no sentido de ligar as porções doadoras e/ou aceitadoras de electrões às espinhas dorsais dos polímeros para produzir polímeros de transferência de carga com boa processabilidade e propriedades de empilhamento.

Os polímeros condutores têm espinhas dorsais de centros de carbono hibridizados $sp^2$ contíguos. Um eletrão de valência em cada centro encontra-se numa orbital pz, que é ortogonal às outras três ligações sigma. Os electrões nestas orbitais deslocalizadas têm uma mobilidade elevada, quando o material é "dopado" por oxidação, o que remove alguns destes electrões deslocalizados. Assim, as orbitais p formam uma banda, e os electrões dentro desta banda tornam-se móveis quando parcialmente esvaziados. Em princípio, estes materiais podem ser dopados por redução, que adiciona electrões a uma banda não preenchida. No entanto, a maior parte dos condutores orgânicos são dopados por oxidação para darem uma banda do tipo p

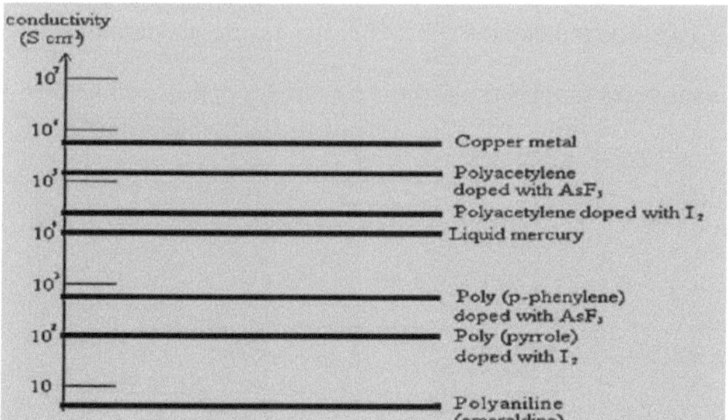


Logarithmic conductivity ladder locating some metals and conducting polymers

materiais. A dopagem redox dos condutores orgânicos é idêntica à dopagem dos semicondutores de silício. A escada de condutividade de alguns metais e polímeros é apresentada a seguir:

As estruturas de alguns polímeros condutores são mostradas abaixo (Fig.6):

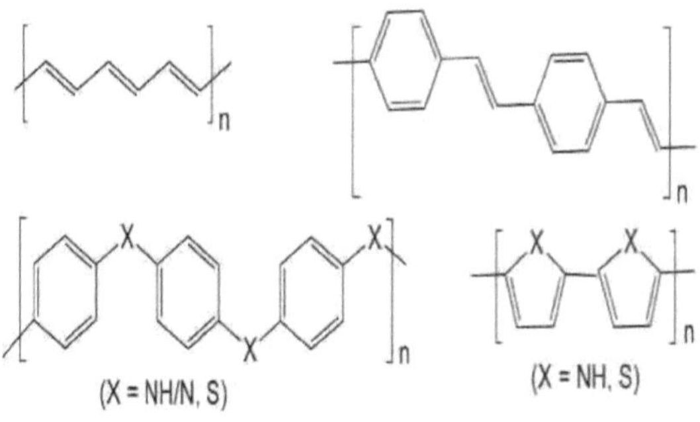


**Fig.6.** Estruturas de vários polímeros orgânicos condutores; polifenilenovinileno, poliacetileno, politiofeno (X = S) e polipirrol (X = NH), polianilina (X = N, NH) e sulfureto de polifenileno (X = S).

Para além de todas as actividades acima descritas, nos últimos 25 anos foram sintetizados vários polímeros conjugados que apresentam excelentes propriedades eléctricas. Devido à deslocalização de electrões numa orbital π-π*- continuamente sobreposta ao longo da espinha dorsal do polímero, certos polímeros conjugados possuem também propriedades ópticas e magnéticas interessantes. Estas propriedades optoelectrónicas invulgares permitem que os polímeros conjugados sejam utilizados numa vasta gama de aplicações, incluindo a proteção de metais contra a corrosão, dispositivos de deteção, actuadores artificiais, transístores totalmente plásticos, dispositivos ópticos não lineares e ecrãs emissores de luz, etc.

# 11. Polímeros condutores conjugados:

A estrutura conjugada com ligações simples e duplas alternadas e segmentos conjugados unidos a átomos que fornecem orbitais p para uma sobreposição orbital regular (por exemplo, N, S) é muito importante para que os polímeros se tornem intrinsecamente condutores. Isto porque, tal como os metais têm uma elevada condutividade devido ao movimento livre dos electrões na sua estrutura, os polímeros, para serem condutores electrónicos, devem possuir não só portadores de carga, mas também um sistema de orbitais que permita o movimento dos portadores de carga. A estrutura conjugada pode ter o segundo requisito através de uma sobreposição contínua de orbitais $\pi$-$\pi^*$ ao longo da espinha dorsal do polímero. Devido à sua estrutura molecular conjugada simples e às suas propriedades electrónicas fascinantes, o poliacetileno tem sido amplamente estudado como protótipo de outros polímeros condutores electrónicos [36]

# 12. Exemplos de polímeros condutores:

O poliacetileno, devido à sua estrutura molecular mais simples, tem atraído a maior atenção, especialmente dos físicos, com ênfase na compreensão do mecanismo de condução. No entanto, a sua fraca insolubilidade, infusibilidade e baixa estabilidade ambiental tornaram-no pouco atrativo para aplicações tecnológicas. Os primeiros classificados em termos tecnológicos pertencem principalmente a quatro famílias: polianilina (PANI), polipirrol (PPy), politiofenos (PT) e polifenileno vinilenos (PPV). A polianilina é bastante singular, uma vez que é o único polímero que pode ser dopado por um ácido prótico e existir em diferentes formas consoante o pH do meio. Enquanto a polianilina é solúvel (esmeraldina) em solventes apróticos altamente polares, como a N-metilpirrolidona (NMP), todos os outros polímeros são insolúveis.

No entanto, como já foi referido, os derivados substituídos lateralmente das outras três classes são solúveis em estado puro e são processáveis em solução. Um exemplo típico de um polímero conjugado substituído lateralmente que tem sido amplamente investigado é o poli (3-hexiltiofeno) (P3-HT).

### 12.1 Polianilina

A polianilina tem uma estrutura única, contendo uma disposição alternada de anéis de benzeno e átomos de azoto. Os átomos de azoto podem existir quer como imina (num estado hibridizado $sp^2$ ) quer como amina (hibridizado $sp^3$ ). Com base na composição relativa destes dois estados de azoto e ainda no facto de estarem ou não no seu estado quartenizado, podem resultar várias formas de polianilina. As estruturas destas formas podem ser melhor representadas escolhendo um mínimo de quatro unidades repetidas, como se mostra de seguida

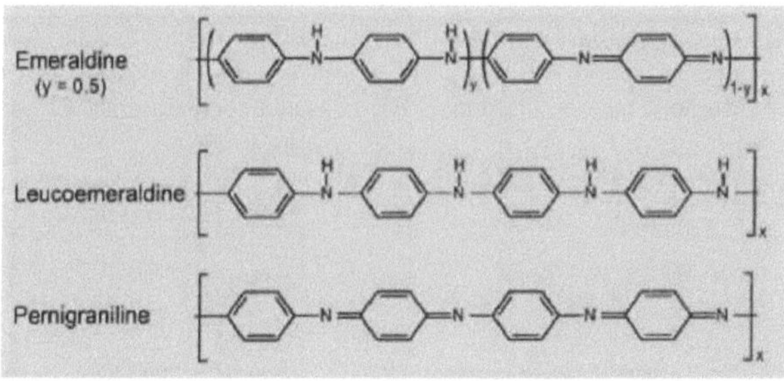


**Figura. 8.** Formas de polianilina

A única forma condutora, entre as quatro, é a forma verde protonada da esmeraldina, que contém nitrogénios de imínio oxidados e nitrogénios de amina reduzidos, em quantidades iguais (ou seja, está meio oxidada). Assim, a forma azul isolante da esmeraldina pode ser convertida em forma condutora diminuindo o pH do meio e vice-versa. Outra caraterística importante da polianilina é que, através da utilização de um contra-íon orgânico ($X^-$), por exemplo, utilizando o ácido sulfónico da cânfora como ácido dopante, a polianilina pode ser mantida em solução mesmo na forma condutora dopada, o que aumenta a sua versatilidade. A troca de carga nestes sistemas pode ser entendida de uma forma simples, fazendo com que os nitrogénios da imina e da amina troquem de lugar ao longo da espinha dorsal do polímero (na esmeraldina protonada) [37]

## 12.2 Propriedades da polianilina

- As propriedades eléctricas da polianilina podem ser controladas de forma reversível por dopagem e protonação por transferência de carga.

- A polianilina tem uma elevada estabilidade ambiental e é inerte (nobre), ao passo que o aço inoxidável está sujeito a corrosão.

- A polianilina é também aplicável a aplicações eléctricas, electroquímicas e ópticas.

- A polianilina é atualmente utilizada em telemóveis e calculadoras, bem como noutras tecnologias LCD.

Os estados de oxidação e o comportamento ácido-base da polianilina (emaraldina, pernigranilina) são mostrados abaixo: (Três estados de oxidação: a base emeraldina (EB); a base leucoemeraldina (LEB); e a base pernigranilina (PN) (Fig.9.)

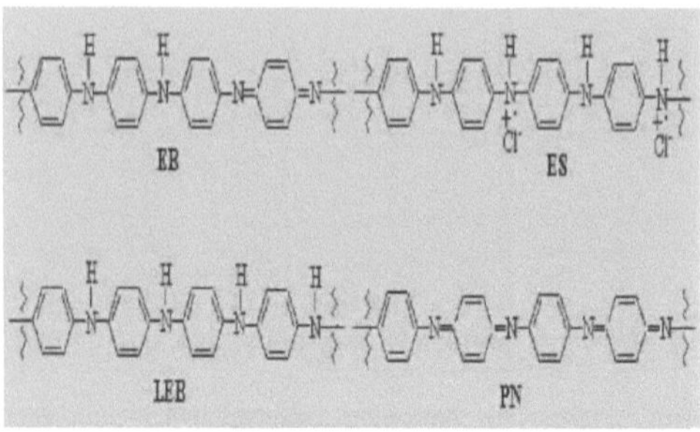


**Fig.9.** (Três estados de oxidação: a base esmeraldina (EB); a base leucoemeraldina (LEB); e a base pernigranilina (PN).

### 12.3 Polipirrol

As películas de polipirrol são preparadas fundindo um derivado de pirrol (por exemplo, 3-hexadecil pirrol) num solvente orgânico numa interface ar-água em que a subfase da água contém ($FeCl_3$) como oxidante. O pirrol livre sofre polimerização por adição de vapor. São excelentes condutores.

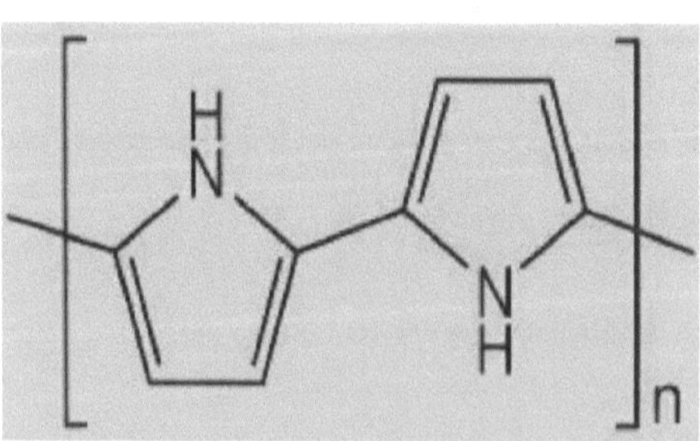

A utilização de uma película de polipirrol sintetizada electroquimicamente é investigada como primário para revestimento protetor de aço-carbono. Apresenta excelente aderência e resistência à corrosão e é mais amigo do ambiente. O desempenho em termos de corrosão foi avaliado utilizando o teste de névoa salina, gráficos de Tafel e espetroscopia de impedância eletroquímica. O desempenho pode ser comparado com o de um primário de zinco comercial. Estes testes demonstram coerentemente que a utilização de uma película de polipirrol inibe melhor a corrosão do que um primário de zinco em ambientes salinos e ácidos

## 13. As estruturas dos polímeros condutores:

Todos os materiais podem ser divididos em três classes principais: condutores ou metais, isoladores e semicondutores. São diferenciados pela sua capacidade de conduzir ou pela sua capacidade de permitir o fluxo de corrente. Em geral, os polímeros condutores são classificados como semicondutores, embora alguns polímeros altamente condutores, como o poliacetileno, se enquadrem na classe dos metais. A Tabela 1 mostra algumas das propriedades físicas dos isoladores, semicondutores e condutores [38].

***Tabela 1. Comparação das propriedades físicas dos metais, isoladores e polímeros condutores [38]***

| Imóveis | Polímeros condutores | Metais | Isoladores |
|---|---|---|---|
| Condutividade eléctrica (S/cm) | $10^{-11}$ - $10^{3}$ | $10^{-4}$ - $10^{6}$ | $10^{-20}$ - $10^{-12}$ |
| Transportadoras | Electrões de ligações duplas conjugadas | Electrões de valência da banda semi-preenchida | - |
| Concentração de transportadores por $cm^3$ | $10^{12}$ - $10^{19}$ | $10^{22}$ - $10^{23}$ | - |
| Efeito da impureza | Impurezas de 0,1 - 1% alteram a condutividade em 2 a 3 ordens de grandeza | Efeito comparativamente ligeiro | Efeito forte |
| Propriedades magnéticas | Paramagnetes | Ferro e diamagnetes | Diamantes |

## 14. Síntese de polianilina:

A polianilina pode ser sintetizada pelo processo oxidativo

procedimento de polimerização [39]. A polimerização química da anilina é realizada numa solução aquosa ácida. Dissolvem-se 8,09 g de persulfato de amónio em 200 ml de água desionizada. Esta solução é adicionada gota a gota a uma solução de 4 ml de anilina dissolvida em 200 ml de solução aquosa de HCl (1 M), enquanto a mistura reacional é vigorosamente agitada entre -2 e -5°C durante um período de 6 horas. O precipitado verde de cloridrato de esmeraldina é recolhido e lavado repetidamente com uma solução 80/20 de água/metanol até que a solução de lavagem se torne incolor. A lavagem com solução de metanol provoca a remoção de cadeias curtas de baixo peso molecular e, por conseguinte, melhora as propriedades mecânicas e eléctricas do polímero.

## 15. Síntese de polipirrol:

O polipirrol pode ser preparado pelo método de polimerização química. Neste método, a solução de pirrol 1 M é preparada utilizando água destilada e depois misturada com agentes oxidantes, lentamente sob agitação constante durante 30 minutos. Em seguida, a polimerização é efectuada durante 4 horas sob agitação constante. Esta preparação é mantida sem agitação durante 24 horas para que o pó de polipirrol assente. O polipirrol em pó é filtrado sob vácuo e lavado com água destilada várias vezes para remover quaisquer impurezas presentes. O polipirrol é seco durante 2 dias à temperatura ambiente [40].

# 16. Compósitos de zeólito/polímero:

Em geral, os sensores baseados em semicondutores de óxido metálico apresentam uma sensibilidade significativamente maior aos gases inorgânicos, como o amoníaco, e a alguns tipos de compostos orgânicos voláteis (COV), como o álcool ($C_2H_5OH$) e o formaldeído. No entanto, alguns outros COV podem causar efeitos adversos na saúde quando a sua concentração acima de um determinado limiar não pode ser detectada por sensores baseados em semicondutores de óxido metálico. Estes COV podem ser facilmente respirados pelos seres humanos, uma vez que são normalmente utilizados como ingredientes em produtos domésticos ou em processos industriais, onde normalmente são vaporizados à temperatura ambiente. Por conseguinte, é importante monitorizar a concentração destes vapores para salvaguardar a saúde dos residentes e dos trabalhadores e também para manter as emissões atmosféricas sob controlo. Estes requisitos exactos requerem materiais de deteção como os polímeros. Os polímeros condutores têm várias vantagens para aplicações de sensores em relação às suas contrapartes metálicas ou cerâmicas: baixo custo e fabrico relativamente simples. A polianilina (PANI) é frequentemente escolhida devido à sua facilidade de síntese e estabilidade ambiental [41]. A polianilina depositada num substrato de quartzo e num substrato de alumina apresenta respostas rápidas e reversíveis de condutividade eléctrica quando exposta a gases ou vapores à temperatura ambiente. Foram desenvolvidas películas ultra-finas de polianilina como sensores de humidade e de gases (NH3 e $NO_2$). Uma simples película de polianilina foi utilizada como material sensor para detetar diferentes vapores, tais como metanol, etanol, acetona e benzeno. No entanto, continuam a existir alguns problemas na utilização da polianilina como material sensor de gases ou vapores: a sensibilidade, a seletividade para uma determinada espécie, entre outros, e a sua resposta temporal a um gás alvo.

As zeólitas são definidas como materiais mesoporosos cristalinos com uma estrutura 3D que forma poros e canais regulares e uniformes. Podem ser sintetizados com diferentes composições químicas e estruturas, o que permite uma grande variedade de materiais; de facto, foram relatados mais de 200 zeólitos sintéticos conhecidos, para além de 40 naturais [42,43]. Os zeólitos são constituídos por unidades tetraédricas de T (em que T é tipicamente Si, Al, mas também pode ser outro elemento, por exemplo, B, Ga, Ge ou P) ligadas por átomos de oxigénio, resultando numa estrutura que contém gaiolas e canais de diferentes tamanhos e formas. A microporosidade interna dos zeólitos proporciona elevadas áreas de superfície e locais activos para adsorção. Em termos de conceção de zeólitos para aplicações específicas, a cristalização de zeólitos é um processo importante [44]. A natureza dos precursores, as proporções molares, o tipo de solventes, a presença ou ausência de modelos e aditivos influenciam fortemente a disposição final dos tetraedros de SiO4 e AlO4. *A Fig. 7* mostra várias funções dos zeólitos utilizados na formação de compósitos com polímeros para a deteção de gases.

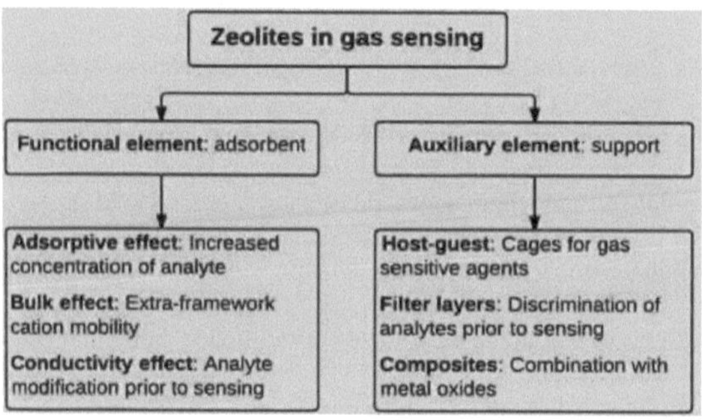


**Fig. 7 Uma visão geral das diferentes funções dos zeólitos em aplicações de sensores de gás [45].**

Em resumo, a criação de materiais com elevada área de superfície pode permitir a deteção selectiva de gases de escape. Uma estrutura porosa com um volume acessível aberto, uma superfície de contacto elevada e fortes interações com apenas um ou mais analitos desejados seria muito importante para a conceção do material necessário.

# 17. Estudos recentes relacionados:

O monóxido de carbono (CO) é um gás incolor, inodoro e insípido e pode impedir o transporte adequado de oxigénio no sangue humano [46]. Foram desenvolvidos vários sensores para a deteção de CO; é necessário que tenham uma elevada seletividade, longos tempos de vida e baixos custos de fabrico [47]. Os polímeros condutores apresentam muitas vantagens em relação aos sensores metálicos convencionais; são mais leves, menos dispendiosos e podem funcionar a uma tensão e temperatura mais baixas [48]. Recentemente, foram desenvolvidos vários polímeros condutores como materiais de deteção de gases [49]. A polianilina (PANI) é um dos mais importantes entre os polímeros condutores. A polianilina tem sido utilizada como sensor de gás e vapor para a deteção de vapor de metanol [50, 51], H2 [52], SO2 [53], NH3 [54], $CO_2$, NO2 e SO2 [55]. Os compósitos de PPV dopado com 10% (v/v) e zeólitos ZSM-5 (Si/Al = 23, 50, 80, 280) foram utilizados como sensores de vapor de etanol [56].

Os compósitos de poli (*p-fenilenovinileno*) (PPV) e zeólitos Y (Si/Al = 5,1, 30, 60, 80) foram estudados relativamente às suas respostas ao $NH_4NO_3$. Para obter um material específico para a análise, os sensores devem ter uma especificidade química estreita e uma elevada sensibilidade em relação a produtos químicos polares [57]. Foi relatado que o PPV detecta oito solventes orgânicos (clorofórmio, acetona, etanol, acetato de etilo, tolueno, hexano, ácido acético, metanol, éter dietílico); os seus valores de sensibilidade situam-se entre 10-40% [58]. A resposta da condutividade eléctrica e a sensibilidade dos zeólitos ZSM-5, Y e mordenite em relação ao vapor de etanol foram estudadas em relação aos efeitos do tipo de estrutura, do tipo de catião equilibrador de carga e da relação Si/Al. Para o efeito do tipo de estrutura do zeólito, o H-Y tem um valor de sensibilidade à condutividade eléctrica mais elevado do que o H-MOR devido a um maior volume de poros e disponibilidade de área de superfície. Para o efeito dos catiões de equilíbrio de carga, todos os zeólitos $NH_4^+$ ZSM-5 (Si/Al=23, 50, 80, 280) mostram respostas negativas, mas os zeólitos H-Y (Si/Al=30, 60, 80) e os zeólitos H-MOR (Si/Al=30, 200) mostram respostas positivas [59].

As propriedades de peneiração molecular dos zeólitos foram exploradas e utilizadas em aplicações de deteção de gases para detetar gases tóxicos e outras grandes moléculas orgânicas [60]. O ácido poli (3-tiofenacético) com um grande número de zeólitos tem sido utilizado como sensor seletivo de gases. Os efeitos do tipo de zeólito, da concentração de zeólito, do tipo de catião e da concentração de catião na resposta de condutividade eléctrica dos compósitos foram investigados [61]. Os compósitos de D- PDPA e zeólito Y $H^{-+}$ foram sintetizados para detetar vapores de solventes halogenados tóxicos de DCM, DCE, clorofórmio e hexano. Os compósitos mostram respostas mais sensíveis ao DCM, DCE e clorofórmio do que ao hexano, devido às diferenças nas estruturas químicas do momento de dipolo e das constantes dieléctricas dos vapores alvo. Verificou-se que as sensibilidades dos compósitos aumentam com o aumento da razão Si/Al, do teor de zeólito e da concentração de vapor devido a maiores interações entre o zeólito e os vapores alvo. No que diz respeito à resposta temporal, os tempos de indução e de recuperação do compósito foram superiores aos do D-PDPA puro, devido à existência de mais sítios activos disponíveis para as moléculas de vapor [62].

O NaY (Si/Al 5.1) foi trocado por iões em KNaY a 30, 50 e 80 % moles do catião, MgNaY a 50 % mol do catião e CaNaY a 50 % mol do catião. Estas zeólitas com permuta iónica são utilizadas para estudar os efeitos do tipo de catião, da concentração de catião, do tipo de solvente e do intervalo cíclico na resposta da condutividade eléctrica aos vapores de cetona a 3%v/v em $N_2$. A amostra 50KNaY tem a condutividade eléctrica mais elevada em comparação com NaY, 50CaNaY e 50MgNaY em relação ao vapor de acetona, devido à mobilidade dos protões na estrutura do zeólito. Ao aumentar o tamanho do catião na estrutura do zeólito, ocorre uma redução na interação eletrostática entre a estrutura do zeólito e o catião e na facilidade com que um protão pode ser transferido. Para o efeito da concentração de catiões, o 80KNaY apresenta a condutividade eléctrica mais elevada, enquanto o 30KNaY apresenta o valor mais baixo, que é comparável em magnitude ao do NaY. O dPPV é misturado na matriz 80KNaY e exposto a 3 vapores de cetona diferentes (acetona, MEK e MIBK) a 3 % v/v em $N_2$. A exposição à acetona proporciona a maior sensibilidade à condutividade eléctrica, enquanto o MIBK apresenta o valor mais baixo, o que se deve à capacidade da molécula de acetona para penetrar na estrutura do zeólito. Assim, a sensibilidade à condutividade eléctrica é melhorada pela mistura de dPPV na matriz 80KNaY. Para o intervalo cíclico, a resposta da condutividade eléctrica diminui com o aumento do número de intervalos cíclicos em relação ao vapor de acetona, devido à interação irreversível entre o zeólito e o vapor de acetona [63].

## 18. Conclusões e perspectivas futuras:

Os principais pontos que descrevem este trabalho compilado são apresentados de seguida:

1. A fuga de vários gases tóxicos nos locais de trabalho é uma ameaça; a deteção destes gases pode evitar acidentes.

2. Estão atualmente em curso muitos esforços para o desenvolvimento de sensores de gás sensíveis que funcionem à temperatura ambiente ; os compósitos de polímeros condutores/nanoestruturas oferecem uma boa oportunidade para sensores que funcionem à temperatura ambiente.

3. São utilizados vários materiais para a deteção de gases, todos eles com algumas desvantagens. Os compósitos de polímeros/nanoestruturas apresentam várias vantagens em relação a outros sensores convencionais, como a facilidade de síntese, a durabilidade, etc.

4. A utilização de compósitos de polímeros/nanoestruturas, bem conhecidos pelas suas utilizações industriais, como adsorventes, catalisadores, deteção de gases, etc., actuam como materiais amigos do ambiente.

# 19. Referências:

[1] D. Chen, S. Lei, Y. Chen, um único transístor de efeito de campo de nanofibra de polianilina e seus mecanismos de deteção de gás, *Sensors.* 11 (2011)6509-6516.

[2] W. J. Fleming, overview of automotive sensors, *IEEE Sens.*

*J.* 1 (2001) 296-308.

[3] J. Vink, H. J. Verhoeven, J. H. Huijsing, response speed optimization of thermal gas-flow sensors for medical application, *In proceedings of the 8th international conference on solid-state sensors and actuators and euro sensors ix, stockholm, sweden.* 25-29 de junho (1995) 524-527.

[4] J. Kwon, G. Ahn, G. Kim, J. C. Kim, H. Kim, Um estudo sobre o sensor de $CO_2$ baseado em NDIR para aplicar o sistema de monitorização remota da qualidade do ar. *Nos anais do ICCAS-SICE 2009, Fukuoka, Japão. 18-21 de agosto* (2009) 1683-1687.

[5] T. F. Refaat, S. Ismail, G. J. Koch, M. Rubio, T. L. Mack, A. Notari, J. E. Collins, J. Lewis, R. de Young, C. Yonghoon, *et. al.* Validação do lidar de retrodifusão de 2μm para aplicações lidar de absorção diferencial de $CO_2$ atmosférico. *IEEE Trans. Geosci. Remote* 49 (2011) 572-580.

[6] I. Muzikante, V. Parra, R. Dobulans, E. Fonavs, J. Latvels, M. Bouvet, Um novo transdutor de sensor de gás baseado em dispositivos de heterojunção de ftalocianina, *Sensors.* 7 (2007) 2984-2996.

[7] F. Babudri, G. M. Farinola, S. Giancane, F. Naso, R. Rella, A. Scarpa, L. Valli, Deposição e aplicação em sensores de gás de películas finas de um derivado de PPV dialcoxi de cadeia em ponte, *Mater. Sci. Eng. C.* 22 (2002) 445-448.

[8] R. Bouchet, S. Rosiri, G. Vitter, E. Siebert, Solid state hydrogen sensor based on acid doped polybenzimidazole. *Sens. Actuat. B.* 76 (2001) 610-616.

[9] S. C. Graham, S. Fung, S. C. Moratti, R. H. Friend, High sensitivity radiation sensing by photo induced doping in PPV derivatives, *Synth. Met.* 102 (1999) 1169-1170.

[10] G. Hagen, A. Dubbe, F. Retting, A. Jerger, T. Birkhofer, R. Muller, C. Rlog, R. Moos, Sensores de gás baseados na impedância selectiva para hidrocarbonetos utilizando películas de zeólito ZSM-5 com interface de óxido de crómio (3), *Sens. Actuat. B.* 119 (2006) 441-448.

[11] M. Vilaseca, J. Coronas, A. Cirera, A. Cornet, R. J. Morante, J. Santamaria, Gas detection with SnO2 sensors modified by zeolite films, *Sens. Actuat. B.* 124 (2007) 99-110.

[12] A. F. Cr0nstedt, Akad. Handl. Stockholm 18 (1756) 120.

[Fonte: E. M. Flanigen, em "Introduction to zeolite science and practice" (H. van Bekkum, E. M. Flanigen, P. A. Jacobs and J. C. Jansen, Eds.) *2nd edition, Elsevier Science, Amsterdam* (2001)].

[13] J. Weitkamp, *Solid state Ion.* 131 (2001) 175.

[14] E. M. Flanigen, em "Introduction to zeolite science and practice" (H. van Bekkum, E. M. Flanigen, P. A. Jacobs e J. C. Jansen, Eds.) *2ª edição, Elsevier science, Amesterdão* (2001).

[15] J. W. Ward, J. *Catal.* 9 (1967) 225.

[16] W. O. Haag, R. M. Lago, P. B. Weisz, *Nature.* 309 (1984) 589.

[17] D. W. Breck, Zeolite molecular sieves, structure, *chemistry and use, John Wiley & Sons, Inc.,*

*New York* (1984).

[18] R. M. Barrer, Nomenclatura química e formulação de composições de zeólitos sintéticos e naturais, *Pure Appl. Chem.* 51, 1091-1100.

[19] C. Baerlocher, L. Mc Cusker, D. H. Olson, Atlas of zeolite framework types, *6ª edição revista, Elsevier, Amesterdão e edições anteriores (2007).*

[20] W. M. Meier, D. H. Olson, Atlas of zeolite structure types, 2nd revised edn, Butterworth and Co Ltd, *University Press, Cambridge, UK* (1988).

[21] D. S. Coombs, A. Alberti, T. Armbruster, G. Artioli, C. Colella, E. Galli, J. D. Grice, F. Liebau, J. A. Mandarino, H. Minato, E. H. Nickel, E. Passaglia, D. R. Peacor, S. Quartieri, R. Rinaldi, M. Ross, R. A. Sheppard, E. Tillmanns, G. Vezzalini Recommended nomenclature for zeolite minerals; report of the subcommittee on zeolites of the international mineralogical association, *Commission on New Minerals and Mineral Names. Can. Mineral* 35 (1997) 15711606.

[22] A conferência de investigação Gordon sobre materiais nanoporosos, Colby College, Waterville, ME, inclui agora zeólitos, sistemas mesoporosos e materiais orgânicos metálicos como tema. Anteriormente, era conhecida como "Zeolites and Layered Materials Gordon Research Conference". 15 a 20 de junho de 2008

[23] D. E. Kuechl, A. I. Benin, L. M. Knight, H. Abrevaya, S. T. Wilson, W. Sinkler, T. M. Mezza, R. R. Willis, *Micropor. Mesopor. Mat.* 127 (2010) 1387-1811

[24] S. P. Naik, J. C. Chen, A. S. T. Chiang, *Micropor. Mesopor. Mat.* 54 (2002) 1387-1811

[25] S. Lee, C. S. Carr, D. F. Shantz, *Langmuir.* 21 (2005) 12031-12036.

[26] T. Tago, D. Aoki, K. Iwakai, T. Masuda, Top. *Catal.* 52 (2009 b) 865-871.

[27] K. Torii, em natural zeolites: occurrence, properties, use, eds. L. B. Sand & F. A. Mumpton, (*Pergamon, Elmsford, NY*) (1978) 441450.

[28] N. Burriesci, S. Valente, R. Ottana, G. Cimino, Vezipe, Utilization of zeolites in spinach growing, *Zeolites.* 4 (1984) 58.

[29] Anónimo, *Zeolite*, 2004 a.

[30] M. Flanigen, F. A. Mumpton. Commercial properties of natural zeolites (1981).

[31] F. A. Mumpton, L. Roca, Uses of natural zeolites in agriculture and industry. *Geology, Mineralogy and Human Welfare* 96/7, 34633470.

[32] Aula 36, NPTEL - Engenharia Química - *Ciência e Tecnologia de Catalisadores*

[33] P. V. Wright, *Br. Polym. J.* 7 (1975) 319.

[34] H. Akamatu, H. Inokutchi, Y. Matsunaga, *Nature.* 173 (1954) 168.

[35] Z. Iqbal, R. H. Baughman, B. L. Ramakrishna, S. Khare, N. S. Murthy, H. J. Bornemann, D. E. Morris Science 254 (1986) 826.

[36] J. C. W. Chien, Polyacetylene, *Chemistry, Physics and Material Science, Academic Press, Londres* (1984).

[37] S. Ramakrishnan, *Resonance,* 2 (1997) 48-58.

[38] M. H. Harun, E. Saion, A. Kassim, N. Yahya, E. Mahmud, *JASA* (2007).

[39] C. Chuapradit, L. R. Wannatong, D. Chotpattananont, P. Hiamtup, A. Srivat, J. Schwank, *Polymer.* 46 (2005) 947-953.

[40] H. K. Chitte, N. V. Bhat, V. E. Walunj, G. N. Shinde, Síntese de polipirrol usando cloreto férrico ($FeCl_3$) como oxidante juntamente com alguns dopantes para uso em sensores de gás, *Journal of Sensor Technology.* 1 (2011) 47-56

[41] N. E. Agbor, M. C. Petty, A. P. Monkman, *Sens. Actuators B.* 28 (1995) 173-179.

[42] S. M. Auerbach, K. A. Carrado, P. K. Dutta, *Handbook of zeolite science and technology, CRC Press*, 2003.

[43] V. Valtchev, S. Mintova, M. Tsapatsis, *Avanços recentes e perspectivas, ed*, 2008.

[44] M. Zaarour, B. Dong, I. Naydenova, R. Retoux, S. Mintova, *Microporous Mesoporous Mater.* 11 (2014) 189.

[45] D. J. Wales, J. Grand, V. P. Ting, R. D. Burke, K. J. Edler, C. R. Bowen, S. Mintova e A. D. Burrows, *The Royal Society of Chemistry*, 2015.

[46] J. Benitez, Process engineering and design for air pollution control, Nova Iorque, 1993.

[47] J. Stejskal, P. Kratochvil, *Polymer.* 37 (2) (1996) 367.

[48] J. J. Miasik, A. Hooper, B. C. Tofield, *J. Chem. Soc. Faraday Trans. I.* 82 (1986) 11-17

[49] W. R. Slalaneck, I. Lundstrom, B. Ranby, Conjugated polymers and related materials: The international chemical and electronic structure, oxford science, Oxford, 1993.

[50] M. G. H. Meijerink, D. J. Strike, N. F. Rooij, M. Koudelka-Hep, *Sens. Actuators B Chem.* 68 (2000) 331.

[51] C. K. Tan, D. J. Blackwood, *Sens. Actuator B.* 71 (2000) 184.

[52] C. Conn, S. Stephen, A. T. Baker, J. Unsworth, *Electroanalysis.* 10 (1998) 1137

[53] P. Kiattibutr, L. Tarachiwin, L. Ruangchuay, A. Sirivat, J. Schwank, *React. Funct. Polym.* 53 (2002) 29.

[54] S. K. Dhawan, D. Kurnar, M. K. Ram, S. Chandra, D. C. Trivadi, *Sens. Actuator B Chem.* 40 (1997) 99

[55] J. F. Currie, A. Essalik, J.-C. Marusic, *Sens. Actuators B Chem.* 59 (1999) 235

[56] S. Anuvat. Faculdade de Petróleo e Petroquímica, *Universidade de Chulalongkorn*, 2009.

[57] F. Babudri, G. M. Farinola, S. Giancane, F. Naso, R. Rella, A. Scarpa, L. Valli, Deposição e aplicação em sensores de gás de películas finas de um derivado de PPV dialcoxi de cadeia em ponte, *Mater. Sci. Eng. C.* 22 (2002) 445-448.

[58] A. Cirpan, Z. Kucukyavuz, S. Kucukyavuz, Síntese, caraterização e condutividade eléctrica do poli (parafenileno vinileno). *Turk. J. Polym.* 27 (2003) 135-143.

[59] Y. Intira, N. Sumonman, C. Pojjawan, K. Ruksapong, C. Sairung, S. Anuvat, *Ionics 17* (2011) 607-615

[60] C. W. Lin, B. J. Hwang, C. R. Lee, *Mater. Chem. Phys*. 55 (1998) 139-144

[61] C. Chuapradit, L. R. Wannatong, D. Chotpattananont, P. Hiumtup, A. Sirivat, J. Schwank, *Polymer* 46 (2005) 947-953.

[62] P. Tharaporn, S. Anuvat, A. Darunee, W. Ladawan, *Materials Research* 16(5) (2013) 1020-1029

[63] K. Jirarat, S. Anuvat, H. Pimpa, *J Polym Res.* (2012) 19-20

MIX
Papier aus verantwortungsvollen Quellen
Paper from responsible sources
FSC® C105338

Printed by Books on Demand GmbH, Norderstedt / Germany